我喜爱的数学绘本

# 时钟敲了一下

## ——认识时钟

（美）特鲁迪·哈雷斯 / 著
（美）凯瑞·哈特曼 / 绘

长春出版社

国家一级出版社

全国百佳图书出版单位

嘀嗒，嘀嗒，嘀，

小老鼠爬上了时钟。

时钟敲响了，

小老鼠说："真好玩儿！"

（实际上小老鼠是大吃一惊。）

嘀嗒，嘀嗒

时钟敲了两下，

被惊醒的大花猫从垫子上跳了起来。

他想要抓住小老鼠来煮汤，填饱它的小肚子。

嘀嗒，嘀嗒，嘀，
短时针指到了**3**。

大花猫说："我要抓到房间里的小老鼠，
当作下午茶的小点心。"

嘀嗒，嘀嗒，嘀，
大花猫和小老鼠冲出了房门。
布谷鸟也从挂钟里弹出来报时啦。布谷，布谷，布谷，布谷，

食物飞溅（太粗鲁了）。

布谷鸟叫了**4**声。

9

嘀嗒，嘀嗒，嘀，
　　教堂的钟声响了**5**下。

大花猫在追赶小老鼠时撞坏了小蜜蜂们的房子，

小蜜蜂们也加入了追赶的队伍。

12

嘀嗒，嘀嗒，嘀，

谷仓的时钟指到了 6。

鸡妈妈也加入到追赶的行列。因为大伙儿在追赶时冲进了鸡窝，

吓坏了她刚出生的小宝宝们。

嘀嗒，嘀嗒，嘀，
一声尖叫响起："我的天！
看这一团糟，
你们毁了我的裙子。"

14

烤箱上的计时器跳到了 **7**。

嘀嗒，嘀嗒，嘀，

　　时钟显示**8**点啦，他们冲向了大门口。

农夫的儿子说：

　　"看上去真好玩儿，

　　　我也要加入。等等我！"

嘀嗒，嘀嗒，嘀，

农夫的怀表显示**9**点整。

他匆忙扔下书，站起来看到底发生了什么事，

然后赶紧加入到这场追逐中。

嘀嗒，嘀嗒，嘀，他们跑过了一座小桥，又跨过一条小溪。

经过起伏的小丘，跑进城里。银行大楼上的时钟响了**10**下。

嘀嗒，嘀嗒，嘀，
　他们摇摇晃晃，昏昏沉沉，

　　一步一个哈欠，疲惫地回到了家。
　　挂钟显示已经**11**点啦，

　　他们又困又累，瘫倒在地上。

嘀嗒，嘀嗒，嘀，

直到**12**点，一切都安然无恙。

这幅平静的景象，

也许让你以为，

故事到这里就结束了。

但是……

嘀嗒，嘀嗒，嘀，

时钟又从**1**点开始敲响啦！

# 关于 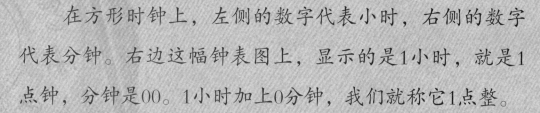 时间

时钟会告诉我们早上什么时候该起床，什么时候去上学，还有什么时候该吃午饭啦。毫无疑问，世界上有很多种时钟！其中有些是数字时钟。数字时钟是方形小箱子式的，就像右图这样。

在方形时钟上，左侧的数字代表小时，右侧的数字代表分钟。右边这幅钟表图上，显示的是1小时，就是1点钟，分钟是00。1小时加上0分钟，我们就称它1点整。

**1点钟**

虽然看起来有些奇怪，但是每天的时间都是从半夜12点开始的。半夜12点，也就是早上的0点。早上1点就是半夜12点的钟声响过1小时之后。

半夜12点的钟声响过2小时之后，就是早上2点。早上3点就是半夜12点的钟声响过3小时之后。

下面的图画里有这些时间在数字时钟上显示的样子。你能猜到4点钟会怎样显示吗？

**2点钟**

**3点钟**

有些时钟被称作指针式时钟。数字1至12被印在它们的"脸"上。这些时钟也有"手"，或者叫指针，在它们的"脸"上转动。如果这种时钟的"短手"指向了数字1，"长手"指向了数字12，那么它就是要告诉我们，时间从12点开始，已经过了1个小时啦。最上面的时钟显示的就是1小时0分钟，也就是1点整。

**1点钟**

到2点钟，那只"长手"指向数字12，"短手"指向数字2。

**2点钟**

3点钟的时候，"长手"对准数字12，"短手"对准数字3。你觉得4点钟的时候，时钟的那只"短手"会指向数字几呢？

每过1个小时，"长手"绕着表盘转1圈儿，而"短手"移向下1个数字。时钟从1点转到2点。再过1个小时就是3点，然后呢？4点、5点、6点、7点、8点、9点、10点、11点，直到12点。12点是一天之中的分界点，被称作正午。正午12点过后，时钟又从1点开始转动，2点、3点……直到半夜12点的来临。

**3点钟**

这本书里有各种各样的时钟，有数字式的，也有指针式的。你能找到多少个呢？你能说出它们显示的是几点吗？快来开启你的时钟之旅吧！

吉图字 07-2014-4319 号

Math is Fun! The Clock Struck One: Text copyright © 2009 by Trudy Harris,
Illustrations copyright © 2009 by Carrie Hartman

**图书在版编目（CIP）数据**

　　我喜爱的数学绘本 . 时钟敲了一下 / (美) 特鲁迪·
哈雷斯著；(美) 凯瑞·哈特曼绘；刘洋译 . -- 长春：
长春出版社 , 2021.1
　　书名原文：Math is Fun!the clock struck one
　　ISBN 978-7-5445-6217-1

　　Ⅰ . ①我… Ⅱ . ①特… ②凯… ③刘… Ⅲ . ①数学 -
儿童读物 Ⅳ . ① O1-49

　　中国版本图书馆 CIP 数据核字 (2020) 第 240759 号

**我喜爱的数学绘本·时钟敲了一下**
WO XI'AI DE SHUXUE HUIBEN · SHIZHONG QIAO LE YIXIA

| | | |
|---|---|---|
| 著　　者：特鲁迪·哈雷斯 | 绘　　者：凯瑞·哈特曼 | |

译　　者：刘 洋
责任编辑：高 静 闫 言
封面设计：宁荣刚

出版发行：长春出版社　　　　　　　　　　总编室电话：0431-88563443
　　　　　　　　　　　　　　　　　　　　发行部电话：0431-88561180

地　　址：吉林省长春市长春大街 309 号
邮　　编：130041
网　　址：http://www.cccbs.net
制　　版：长春出版社美术设计制作中心
印　　刷：长春天行健印刷有限公司

开　　本：12 开
字　　数：33 千字
印　　张：2.67
版　　次：2021 年 1 月第 1 版
印　　次：2021 年 1 月第 1 次印刷
定　　价：20.00 元